小学生气象科普

气象神探贝贝狗

系列①

一滴水引发的火灾

朱应珍　著
陈绯旸　绘图

气象出版社
China Meteorological Press

图书在版编目（CIP）数据

一滴水引发的火灾/朱应珍著.—北京：气象出版社，2012.1

（小学生气象科普.气象神探贝贝狗系列；1）

ISBN 978-7-5029-5340-9

Ⅰ.①一…　Ⅱ.①朱…　Ⅲ.①气象学-少年读物
Ⅳ.①P4-49

中国版本图书馆CIP数据核字（2011）第225053号

Qixiang Shentan Beibeigou Xilie①——Yi Di Shui Yinfa de Huozai

气象神探贝贝狗系列①——一滴水引发的火灾

出版发行: 气象出版社
地　　址: 北京市海淀区中关村南大街46号
邮政编码: 100081
总 编 室： 010-68407112
发 行 部： 010-68409198
网　　址: http://www.cmp.cma.gov.cn
E-mail:　qxcbs@cma.gov.cn
责任编辑: 崔晓军　姜　昊
终　　审: 章澄昌
封面设计: 博雅思企划
绘　　图: 肆点半动画工作室　陈绯旸
责任技编: 吴庭芳
责任校对: 永　通
印　　刷: 北京中新伟业印刷有限公司
开　　本: 880mm×1230mm　1/32
印　　张: 3
字　　数: 35千字
版　　次: 2012年1月第1版
印　　次: 2012年1月第1次印刷
印　　数: 1—6000
定　　价: 9.00元

序

少年儿童是祖国的花朵，是国家的未来，特别需要全社会的精心呵护。我国是世界上气象灾害频发的国家之一，在自然灾害中气象灾害占70%以上，而少年儿童又是防御自然灾害最薄弱的环节之一。人们不会忘记，2005年6月黑龙江省沙兰镇一场突发性局地暴雨引发的山洪夺去了107名小学生的生命；2007年5月重庆开县的一次雷击造成7名小学生死亡、几十名学生受伤……这些惨痛的教训,充分印证了加强少年儿童的气象防灾减灾科普教育的重要性和必要性。党和国家历来十分重视少年儿童的防灾减灾科普教育工作，胡锦涛总书记多次强调，要将防灾减灾知识纳入国民教育。因此，防灾减灾从娃娃抓起，使少年儿童树立良好的气象防灾减灾意识，提高自救互救基本能力，非常重要，意义深远。

气象科普是气象科技联系经济社会发展和人民生产生活的重要纽带，也是推动气象事业科学发展，提升公共气象服务能力，发挥气象服务效益的重要途径。气象出版社以气象防灾减灾为主体，组织编写出版《小学生气象科普》系列图书，正是气象事业和出版事业以人为本、服务社会的体现。为此，我感到十分欣慰，也很高兴写《序》，向广大的少年儿童推荐此系列图书。

《小水珠系列》通过两滴来自不同星球的小水珠的偶遇和忽天忽地的结伴旅行及那门变幻莫测、绝伦无比的“气象炮”的神通广大，把许多常人不易明白的天气、天象变化原理，诠释得恰到好处，比如说大多数人都知道台风破坏力极大，但小水珠却因落进了台风眼而安然无恙，这些一波三折故事的叙述，让小读者在担心之中很容易理解其中的气象知识。

《森林村的小气象迷系列》通过小猴子、小梅花鹿、小蜜蜂、小蚂蚁、小恐龙、小灵猫这些比较可爱、孩子们又比较喜欢的动物形象来展现故事情节。这些森林村的小动物在日常生活中总会碰到这样或那样与天气有关的问题，而对同一个问题大家都会根据自己的理解去解释，从而产生出不同的答案。本系列图书在解决矛盾冲突、给出正确答案的过程中，把风雨雷电、阴晴冷暖等枯燥抽象的气象知识活灵活现地呈现在小读者面前。

《气象神探贝贝狗系列》描述了森林村的小动物在生活中遇到的不少难以破解的案例，这些案例有的导致动物死亡，有的造成植物毁坏，有的引发集体生病……气象神探贝贝狗利用自己掌握的气象知识破解了一个个难解之谜。我想这些故事能启发小读者，如何趋利避害合理利用气象知识。

以上图书语言简洁、活泼、有情趣，行文中运用了孩子的口气，不仅能吸引少年儿童，成年人看后，也会意犹未尽。不难看出，作者是在力求吃透气象知识的科学原理，抓住其本质，把气象科普知识以最贴近实际、最贴近生活、最贴近群众的方式展现给读者。希望这些图书能被小读者喜欢，也希望后续品种能越做越好，力求在气象科普宣传战线上出现越来越多的精品图书。

最后，愿借写此《序》之机，希望广大气象工作者认真奉行“以人为本，无微不至，无所不在”的气象服务理念，重视气象科普工作；广大气象科技人员能够多花点时间，创作更多的气象科普图书；气象出版社组织更多的力量，多出气象科普图书，特别是多出精品，常出精品。通过各方面的持续努力，一定会使气象科普根深叶茂，兴旺发达，为人民安全福祉做出新的更大的贡献！

愿气象科普之花在神州大地盛开，芬芳四溢，香满人间！

郑国光

2009年8月1日于北京

前言

随着森林村的名气越来越大，想来森林村居住的动物也越来越多，有大型动物，也有小动物，但都是一些表面看起来很温顺的动物。所以，村里原来的居民对新居民的加入都很欢迎，人多热闹嘛。

但是居民一多，不同的习性，不同的性格，在日常生活中，就不可避免地会产生这样或者那样的矛盾，遇到脾气好的动物，大家沟通一下，矛盾就化解了；碰到脾气暴躁的动物，就很有可能发生打架斗殴等刑事案件。不过，动物们常常会碰到一些不是因为动物间闹矛盾发生的案件，而是由于其他原因引发的，叫人摸不着头脑的离奇案件。

为了森林村的和谐与平安，村里特意建立了侦探所，负责人就是最安分守己，并且极其聪明的贝贝狗。他的助手是虽然顽皮，但同样遵纪守法的小狗球球，法医是知识渊博的白猫咪咪。森林村还为侦探所特意配备了一辆汽车，司机是贝贝神探的好朋友小乌龟宝宝。

森林村常发生的那些不明原因的案件，经过贝贝分析之后，认为从表面上看很多都是气象原因引发的。但是，让他更深入地去分析这些原因，他又说不清楚。因此，森林村决定派贝贝到气象学院学习刑侦气象学，掌握如何利用气象知识来破解那些不是人为的，而是气象原因造成的案件。

半年的学习时间很快就过去了，贝贝通过认真学习，掌握了利用气象知识破案的本领，不仅侦破了发生在森林村的一系列错综复杂的案件，也为自己赢得了“神探”的美誉。

朱应珍

2011年10月1日

目 录

一滴水引发的火灾

乒乓球引发的火灾

铁棍子是纵火犯

鸟语公园的谋杀案

一滴水引发的火灾

贝贝狗学成归来

今天的天气真不错，天空飘浮着丝丝的白云，徐徐的微风不时轻拂脸面，炎热的夏季能遇上这么一个舒适的好天气真是不容易。

一大早，森林村的动物们就聚集在通往城里的马路上，个个都把目光紧紧盯着前面，因为到气象学院学习的贝贝狗毕业了，今天要回森林村。

别看贝贝狗平日里寡言少语，不善言谈，但他与森林村居民们的关系可好了，不管是外貌凶狠的猩猩奇奇，还是温顺的大熊猫瑞瑞，大家都是贝贝的好朋友。平时森林村邻里之间产生了矛盾，大家都愿意请贝贝来调解，并且也愿意听从他的调解意见。

贝贝是森林村的大好人，同伴中谁有困难，都会找他帮忙。无论是食物，还是他喜欢的玩具，他也都会拿出来与同伴分享。贝贝最喜欢说的一句话就是：“**别着急**。”

贝贝去气象学院学习已经有半年多了，这么长的时间没有看到贝贝，森林村的居民都很想他。昨天，小乌龟宝宝就开车进城接他，按计划今天上午就能**回到森林村**。

从来就闲不住的小灵猫站在大家中间东张西望，他看见小恐龙西西手里提着一个热气腾腾的小饭锅，便好奇地走到他的跟前：“西西，你是不是睡懒觉，来不及吃早餐，把饭带到这儿来了。来，让我看看，你早餐准备吃什么好东西。”说着伸手想掀开锅盖。

西西用空着的那只手用力在小灵猫伸过来的手上拍了一下：“不要动，这里面是贝贝最喜欢吃的鸡腿，我刚做好，贝贝一回来就可以吃**热鸡腿**，打开就凉了。”

小灵猫点点头：“想不到你这么个庞

然大物心还这么细，真不愧是贝贝的好朋友。”

小灵猫边与西西说话，边回头张望，只见小蚂蚁南南正费力地提着一个篮子走过来，小灵猫赶快上前接过他的篮子，一看，篮子里装了很多紫红色的**新鲜大葡萄**，他忍不住问：“喂，你带这么多葡萄来接贝

贝，是不是怕等的时间过长会口干舌燥，特意带些水果来边等边吃呀？”

南南瞪了小灵猫一眼：“你以为谁都像你一样嘴巴那么馋，葡萄是贝贝最爱吃的水果，是我一大早去采摘的，很新鲜，是给贝贝准备的。”

小灵猫被西西和南南教训了一番，心里很不是滋味：有什么了不起，为贝贝准备了一点食物就这么神气。我和贝贝也是好朋友，以后我会帮贝贝做更多的事情。

突然，一个五颜六色的大花球从远处滚过来，可是却看不到是谁在推大花球，动物们都没见过这个颜色很漂亮、体型很庞大的东西。看到无人操纵的大花球向大家滚来，动物们都吓得够呛，赶紧躲到马路两旁的树林中去。小恐龙西西的胆子比较大，他把小饭锅挂在一个树杈上，从地上捡起一根树枝迎上前去，准备与这个大怪物搏斗一番。

咦？这个大怪物好像并不准备进攻森林村的居民，它很友好地慢慢朝大家滚过来。不对！好像不是滚，在这个**大花球**的下面有脚，它是慢慢走过来的。小灵猫轻轻地穿过树林，绕到大花球的后面，不禁大笑着叫到“嘿！大家快出来吧，这不是什么**怪物**，是小梅花鹿北北来了。”

大家一下子都从树林中冲到大花球后面，真的是北北。原来他抱着一个大花球在走路，由于花球太大，几乎把他的整个身体都遮住了。北北把花球抱到路口这才放下来。

小蚂蚁南南走到他的跟前：“北北，你抱这么大的花球来干什么？”

北北喘着大气说：“我采了各种颜色的花做了一个**大花球**来接贝贝，准备送给他的。”

小灵猫笑嘻嘻地说："这么大的花球，你打算给贝贝当房子用呀，这个花球送给西西还差不多。其实，还不如送给贝贝一个花冠戴在头上更好。"

西西走过来看看这个大花球说："贝贝最不喜欢在身上和头上戴什么东西，这个花球这么漂亮，就放在路旁让大家来欣赏吧。"

正当他们叽叽喳喳有说有笑的时候，一阵汽车的喇叭声从前方传过来，大家顿时安静下来，全挤到路口朝远处张望。森林村侦探所的汽车缓缓驶入了大家的视线。贝贝从车里探出头来跟大家打招呼，森林村的居民们**一齐欢呼起来**。汽车开到大家身边就停了下来，贝贝从汽车上走了下来，跟大家一一握手。小恐龙西西和小蚂蚁南南挤到贝贝跟前，西西把还在冒着热气，装有鸡腿的小锅递给贝贝，南南则把装有新鲜葡萄的小篮子递了过去，贝贝对他们连声说"谢谢”，并让助手球球先把东西拿到侦探所去。

动物们簇拥着贝贝朝侦探所走去，因为那儿也是贝贝的家，路上宝宝告诉大家，由于贝贝学习成绩优秀，并在学校成功地侦破过几起案件，现在已经被授予“神探”的光荣称号，这个消息令所有的动物为之振奋，大家一路欢呼雀跃。

听到这个消息的燕博士走到贝贝神探跟前：“大神探，你回来得正好。昨天我辛辛苦苦才完成的科学巨著不知让谁给烧毁了。这可是我好几年的心血，你一定得帮我找出这个罪犯。”

贝贝神探拍拍燕博士的肩膀：“别着急，我一定会找出罪犯，为你讨回公道。”

燕博士的巨著被烧

贝贝神探一听到有案情，等不及到侦探

所休息一下，便叫上助手小狗球球，和燕博士一起坐上乌龟宝宝开的刑侦车，赶赴燕博士的家。

燕博士是动物气象学方面的专家，平时除协助气象台搞天气预报外，其他时间大多是在钻研高深的气象科学，所以他特别喜欢安静。他的家就安在森林村旁边一座小山的边上，与邻居们的住房至少相隔有50多米。燕博士的房屋面积不大，但外面有一个长满了绿草的小院子，整个房屋结构看起来很舒适，很适宜搞科学研究的人居住。

燕博士打开院门，领着贝贝神探和小狗球球沿着一条铺着石子的小路走向房屋。房屋的门是用一把黄色的大锁锁着的，燕博士从身上掏出钥匙打开房门，自己首先进了房间，并径直朝书房走去，贝贝神探和球球随后跟了进去。刚靠近书房，一股很浓的焦味就直往鼻孔里钻，有轻度鼻炎的球球忍不住打了一个喷嚏。

燕博士的书房不大，窗户是朝着东南方向开的，外面就是那个长着绿丝绒般小草的院子。紧靠窗户的地方放了一张书桌，最里面有一张小床，床铺旁有一扇门通往一个小卫生间。别看书房不大，设备还挺齐全的。可惜的是现在书桌已经被烧得面目全非了。焦黑的颜色掩盖了书桌原来的颜色，桌

面上堆着一堆黑色纸灰。奇怪的是除了这张书桌外，其他地方并没有被大火烧过的痕迹，这火真是烧得蹊跷。

贝贝神探先将整个房间大概看了一遍，随后让球球把房间的全景及被烧毁的地方全都拍摄下来，自己则来到书桌前仔细查看。他看到桌面上有一块被烧的变了形的玻璃，就让球球把它装进证物袋，准备带回去好好研究。然后，贝贝神探又蹲在地上仔细搜索，看是否能查到有用的脚印，他在地上除查到燕博士的脚印之外，还发现了另外一个动物的脚印，并且在小卫生间的地上也发现了相同的脚印，在水龙头和水池旁边的脸盆上还发现了指纹。贝贝让球球用速干成型塑胶液把脚印和指纹都拓了下来。

看看再也找不到什么有价值的物证之后，贝贝神探和球球随燕博士走出房门，来到院子中间，大家席地坐在草地上。贝贝神探询问燕博士有没有查看一下，除巨著被烧外，是否还丢失了什么物品。

燕博士摇摇头：“其他东西都没有少，就是烧了我最重要的巨著。其实其他东西对我来说并不重要。”

“这大火是你自己发现的，还是别人发现的？”

“是小蚂蚁南南最先发现的。”

贝贝神探觉得很奇怪：“南南为何会最先发现火情？他现在在哪儿？”

燕博士笑笑说：“这没有什么好奇怪的。南南平时负责帮我整理院子里的草坪，没有他，我这个草坪哪有这么整齐。”

贝贝神探让球球用手机给南南发个短信，让他尽快到燕博士家来。很快南南就坐着自己的滑轮车来到燕博士家。看到大家都坐在草坪上，他也顺势坐了下来。还不等神探开口问，南南就说：“这大火烧得真奇怪。那天我正低着头整理草坪，突然闻到一股烧焦的气味，开始时我还不太在意，可是当我抬起头休息时，发现燕博士家的窗口正往外**冒烟**，可把我吓坏了。我大声叫燕博士，可是没人答应。”

贝贝神探拍拍南南的手：“别着急。当时，你看见周围有其他的动物吗？”

南南摇摇头：“周围一个动物也没有，我急得不行，一看房门没有锁，就打开门冲进去，到卫生间拿了一个脸盆接水灭火。幸好火势不是很大，我很快就把火**扑灭**了。”

贝贝神探听南南这么一说，很快就明白书房和卫生间地上的脚印是谁的了。听南南说他进门救火时，房门**没有锁**，就转身问燕博士：“你的房门平时上锁吗？”

燕博士摇摇头：“我平时从不锁房门，因为住在森林村还是比较安全的。这次着火之后，我才去买了一把大锁。”

贝贝神探又问南南：“在燕博士房屋起

火前后，你确实没有见到其他的动物吗？甚至连影子也没有见到？”

南南想了一下回答到：“真的没有见到。不过你说到影子，我倒是想起来了，当时确实有一只鸟的影子从我的头上飞过去。”

一滴水引发的火灾

燕博士听小蚂蚁南南说好像看见有鸟飞过的影子，马上拍着巴掌叫道：“肯定是喜鹊。上次喜鹊从我家门口经过时，看到我在写论文，就讥讽我没有口才，只会在纸上胡乱涂写，骗取名气。”

贝贝神探问：“你当时和他吵架了吗？”

燕博士说：“我没有理他，他感到没趣就走了。”

贝贝神探跟小狗球球说：“你到喜鹊的

邻居那儿了解一下，喜鹊昨天上午都干什么了，然后把他带到这儿来。”

球球坐上乌龟宝宝开的汽车朝村里驶去，来到喜鹊居住的欢鸟居，球球下车找到喜鹊的邻居乌鸦**询问**喜鹊昨天上午的活动。乌鸦想了一下说：“昨天一天我都没有看到喜鹊的影子，不知道他干什么去了。”

球球又去问住在附近的小灵猫，小灵猫摸了一下自己的脑袋：“我昨天早晨出门锻炼身体时，看到喜鹊朝林子外飞去，后来就没有看见他了。”

听到这儿，球球想：**疑犯**终于浮出水面了，这纵火犯非喜鹊莫属，我这就去把他抓起来。想不到贝贝神探回来后，第一起案件就破得这么神速，**三下五除二**就把犯人逮住了。这以后，不仅仅是神探贝贝，就连我的名气都会大增的。球球边想边朝喜鹊的住房走去。

喜鹊的房子建在林中一棵大树的旁边，

在路口迎接了贝贝神探之后，喜鹊就直接回家，稍微休息了一会儿，现在正准备做午饭呢。看到球球来到自己家里，便热情地迎上去："球球侦探，你好！今天怎么有空来我家玩。快进来，我正准备做午饭，回头就在我这儿吃饭好吗？"

球球二话没说，掏出手铐把喜鹊的双手拷住。喜鹊气得大叫起来："你这是干什么？我待在家中又没有犯法，凭什么抓我？如果请你留下来吃饭是贿赂你，算我没说，干吗要抓我？"

球球凶巴巴地说："你自己做的好事，还需要我来说吗？"

喜鹊想了一下："什么好事？做了什么事，我自己怎么都不知道？"

球球把手一挥："我不跟你啰唆，跟我去见贝贝神探，到了他的面前看你还怎么狡辩。"说完，就把喜鹊拖到汽车上，朝燕博士家开去。

到了燕博士家的书房，看到房中凌乱的样子和烧焦的书桌，喜鹊吃了一惊："燕博士，你们家什么时候着火了？我怎么不知道？"

燕博士气呼呼地说："你装什么蒜，你放火烧了我的巨著，还装糊涂！"

喜鹊一听就急了："你胡说什么呀，我什么时候放火烧了你的巨著，你说话要有证据，诬蔑我，我要告你。"

燕博士还想说什么，被贝贝神探制止了："喜鹊，我想问一下，昨天你安排了一些什么活动？"

球球抢着回答："他昨天一早就往燕博士家的方向飞过来，一天都没有回去过。"

贝贝神探让球球不要说话，让喜鹊自己回答。喜鹊想都不用想马上说道："昨天我一大早就飞到我二舅家去了，因为他的儿子结婚，让我去喝喜酒，直到很晚才回来。怎么，喝喜酒也有罪？"

贝贝神探问："你二舅家在什么地方？"

"就在这座小山坡的另一边。不信你们可以去问嘛！"

贝贝神探点点头，对球球说："你去把喜鹊说的情况核实一下，快去快回。"

球球坐上汽车来回用了不到20分钟就回来了。他小声对贝贝神探说："确实没错，喜鹊一大早就飞过去喝喜酒，直至天黑之后才回到森林村的家中。"

贝贝神探想了一下，跟喜鹊说："好了，你可以走了。如果有什么事，我再找你好吗？"

"行，只要能抓到纵火犯，洗清我的罪名，有什么问题尽管来找我，我保证如实回答。"

贝贝神探又在房间里仔细检查了一遍，来到窗户前看了看天空，太阳正**火辣辣**地照在房间这烧成焦炭的书桌上，从纸灰中透出了一丝微弱的亮光。神探贝贝用戴着手套的手指拨开纸灰，原来是一块燃烧后断裂的小玻璃块在**反光**。这亮光在神探贝贝的脑海中闪现了一下，他对燕博士说："你把昨天早晨的情景再演示一遍。"

燕博士走到书桌前："前天下午我就一直在思考一个问题，但一直想不出正确的答案。我坐在书桌前**绞尽脑汁**，直至天黑以后，才理出了一条思路。我高兴得顺着这条思路展开研究，顾不上吃饭、睡觉，一直把论文写完，一看天已经大亮了。"

球球问："那之后你去睡觉了吗？"

"没有，正好这时电话铃响了，原来是小燕子打来的，让我陪他去海边钓鱼，这是我早就答应过他的，只因为论文没写完，所以一直没有兑现。现在论文写完了，可以**信守诺言**陪他去了。所以放下电话，我洗了一把脸就出门了。"

贝贝神探让燕博士别着急："你把论文

写好后，在桌面上是怎样摆放的？”

“我把论文写好后，就整齐地放在桌面上，因为怕**被风吹散**，还在上面压了一块玻璃板。”

“放好文稿后，你还做了一些什么事情？”

“我就去洗脸。啊，对了，我在洗脸时，突然想到论文中还要加上一句很重要的话，便又回到书桌前拿开**玻璃板**，在文稿上加上那句话以后，又重新把玻璃板压上去。”

“你是擦干了脸来做这些事的吗？”

“没有，我都没顾得上把脸擦干，就从卫生间跑出来加上这句话。”

“你能把当时的情景再表演一次吗？”

“没问题。”说着燕博士先走到卫生间把水泼到脸上，然后走到书桌前，只见他脸上的水直往下滴，在书桌上滴了好几滴。贝贝神探这下明白了，他从旁边拿过来一块玻璃板放在烧焦的书桌上，并在玻璃板上滴上一滴水，然后问燕博士：“这滴水像什么？”

球球抢着说：“就是一滴水嘛，还能像什么？”

燕博士侧过头来看了球球一眼：“不，这滴水像一面**凸透镜**。”

贝贝神探肯定地说：“对，是像一面凸透镜。昨天的天气应该和今天差不多，也是

一个大晴天。”

球球补充说：“对，昨天大清早天气就很热，天空没有一丝云彩。”

贝贝神探又说：“那就更能说明问题了。书桌就放在窗户前，又面朝东南方，太阳光可以直接射到书桌上，通过这个小小的凸透镜，**聚焦**到下面的纸上。”

燕博士拍拍自己的脑袋：“啊，原来阳光才是纵火犯，是我自己制造了这个凸透镜，让阳光有可乘之机，把我的巨著烧掉了。若不是南南发现得及时，说不定我的家都会被烧没了。”

“啊，原来如此，我差点**错怪**了喜鹊。”球球在一边露出了很不自在的表情，心想有机会一定要当面向喜鹊道歉。

正当大家各有所思之时，恐龙西西急匆匆地跑了过来，一边喘着大气，一边大声地嚷嚷：“贝贝神探，你原来在这儿，让我好找，快跟我去看看，**出大事了**！”

乒乓球引发的火灾

森林村的食品仓库失火

贝贝神探一听说出了大事，二话没说，拖着恐龙西西和助手小狗球球跳上汽车，就朝森林村的中部驶去，食品仓库就建在那儿。车子还没有靠近食品仓库，一股浓烈的火烧水果味、烤肉的焦味，另外还有一些什么乱七八糟的味道扑鼻而来。贝贝神探忍不住用手揉了揉自己的鼻子，司机乌龟宝宝打了一个喷嚏说：“这是什么味呀？这么难闻。”

在离仓库还有50米的地方，贝贝神探就让宝宝把车停了下来，大家下车后朝仓库走去。这时仓库的大门外聚集了很多动物，大家都是被呛鼻的味道给吸引来的。小灵猫和梅花鹿北北拉了一根黄色的绳子拦在仓库的大门外，不让动物们靠近。小灵猫嘴里还不

停地叫："大家不要靠近，保护好现场，等贝贝神探来。"

看见贝贝神探下车走了过来，不少动物便围了过去，**七嘴八舌**地说了起来。贝贝神探扬了扬手："大家别着急，有话一个个说。"

蚂蚁南南抢着说："大神探，你一定要找出这个罪犯来，他放火烧了我们的食品仓库，我们靠什么过冬呀？”

“就是！”“就是呀！”周围的动物们都异口同声地叫了起来。

贝贝神探点点头：“好的，我一定会揪出这个罪犯，给大家一个交代。不过大家也不要太**悲观**，现在还是夏天，等我们把仓库修好后，重新储存过冬的食品还来得及。”

说完，贝贝神探就和球球一同朝仓库大门走去，西西也想跟着进去，被小灵猫拦住了：“西西，你不能进去。”

“我为什么不能进去？是我报的案，带他们来的。”

小灵猫挥挥手：“你的任务已经完成了。你又不是侦探，进去干什么，**捣乱**呀？”

“你才是捣乱鬼。”

球球听他们在争吵，就赶忙回过头来对西西说：“你就不要进去了，这里面有我和贝贝神探就够了。如果有什么需要你帮忙的，我们再找你。”

西西这才不情愿地离开仓库大门，回到围观的动物中。

球球推开紧闭的大门，一股**刺鼻**的气味冲出来，呛得他们倒退了好几步，仓库里面**黑咕隆咚**的，什么也看不见。贝贝神探和球球戴上口罩进到仓库里面，并随手将仓库的大门关上，但是，没有全关闭，还留有一条缝隙通风。否则在这个仓库里待久了，非晕倒不可。

他们拿出随身携带的激光小手电筒，别看激光手电筒只有人的手指头大小，可亮了。贝贝神探一手拿手电筒，一手拿放大镜，在仓库里**仔细检查**，不放过任何一个角落。

仓库的地上到处是烧烂的水果和烧焦的肉干，有的烂水果还在冒着热气。贝贝神探在仓库的一个角落里发现了一个已被**踩扁**的烟头，在靠近仓库中间的地上，发现了一团黑糊糊的东西，不像是烧焦的食品，贝贝神探让球球给这些东西及仓库里各个角落全部拍了照片，然后让球球把烟头及那团黑糊糊的东西分别装进证物袋，带回侦探所化验。

他们继续在地上检查，看是否能找到足迹或者其他的证据。可是仓库的地板是木头的，现在已经被大火烧得面目全非，根本找不到什么足迹。贝贝神探拿手电筒朝四面的墙壁和屋顶照过去，发现这间仓库除刚才进来的这扇大门能通往外面，再没有其他的出口了，就连窗户都没有。屋顶也是好好的，没有破损，只是被烟熏得同其他地方一样是黑糊糊的。他们在仓库的各个地方又仔细检查了一遍，确实没有什么可疑之处，便走出仓库大门，取下口罩，站在门边深深吸了一口新鲜空气。

球球对小灵猫说："现场暂时就勘察到这里，但是，还不能让大家进去，要等案件查清楚之后，大家才能进去修整。从现在开始，你就负责守卫仓库大门，行吗？”

小灵猫**拍拍胸口**：“没问题，我绝对不会让任何一个人靠近仓库大门的。”

贝贝神探问：“仓库着火是谁第一个发现的？”

恐龙西西说：“就是我发现的。上午欢迎完你以后，我就往家里走，刚走到仓库附近，就闻到了一股怪味，只看见一股浓烟从仓库大门的下边直往外冒。”

小灵猫抢着说：“我是仓库管理员，听西西大叫仓库着火，我赶快跑了过来，拿起灭火器冲进仓库灭火，可惜**迟来了一步**，仓库里的东西还是被火烧光了。”

贝贝神探问到：“小灵猫，前一天你进过仓库吗？”

“这几天我一直没有开过仓库的大门，因为没有东西要放进去，也没有什么东西要取出来，所以没有进去过。”

贝贝神探来到挤在大门外的动物面前

说："大家还是先回家吧，这里一时半会儿还破不了案。如果有什么需要，我会去找你们帮忙的。请回吧。"

随后，贝贝神探和球球又在仓库四周的地上**搜索**了一遍，也没有查到有价值的线索。

可疑的香烟头

贝贝神探和助手小狗球球回到侦探所时，时间已近傍晚，贝贝神探累得坐在椅子上动都不愿意动一下，咪咪法医赶快给贝贝神探和球球端来牛奶，并把西西为贝贝神探煮的鸡腿也端了过来，贝贝神探让球球把物证交给咪咪去**化验**，然后和球球边吃晚饭边讨论案情。

贝贝神探对球球说："明天，咪咪法医把香烟头的DNA检查出来后，你去了解一下这个扔烟头的动物这几天的活动情况，多向周围的群众调查。等你查清他的情况后，我们再与他直接对话。”

“仓库里只有这个线索，查出了DNA，肯定能找出罪犯。”

“我们先不要乱下结论。是不是罪犯要让证据来说话，而不是靠我们的武断。”

球球有些不好意思：“是。今天燕博士家的火灾，我就差点**错怪**了喜鹊。”

“要当好一个侦探，脑海中千万不要有先入为主的想法，不管遇到什么案件，必须先找证据，破案靠的就是**证据**。好了，天不早了，去休息吧，明天还有很多事情等着我们去做呢。”

球球跟贝贝神探道过晚安之后，就回去休息了。案子没破，贝贝神探可睡不着觉，他先把自己在气象学院的学习资料拿出来，坐在灯下仔细翻看，看是否能找出与之相关的案件。然后又将球球所拍摄的仓库照片摊在桌子上，**仔细分析**了一遍，这才上床睡觉。

贝贝神探这一觉睡得可香了，等他睁开

眼睛，已经是第二天的中午。贝贝神探赶紧从床上跳了下来，看到桌子上不知何时咪咪法医送来的牛奶，他不好意思地摸摸自己的耳朵，到卫生间胡乱洗了一把脸，把牛奶喝完之后，就来到房屋的外面。司机乌龟宝宝正在擦车，贝贝神探走过去拍拍宝宝的头："只有你在家吗？他们呢？"

宝宝停下手中的工作："球球出去了，咪咪法医在工作。"

贝贝神探点点头，朝法医工作室走去。一进工作室就看见咪咪法医正在费劲地锯东西，贝贝神探走近一看，原来是锯从仓库拿回来的那团黑糊糊的东西。看咪咪法医那个费劲儿的样子，似乎这团黑东西很硬。贝贝神探走过去接过咪咪手中的锯子，自己动手锯了起来。这团东西确实很硬，贝贝神探费了老大的劲儿才锯下来一小块。

咪咪法医上前捡起这一小块黑糊糊的东西说："神探，够了，不用再锯了，只要这

一点就行了。”

贝贝神探放下手中的锯子：“先别忙着检查这个黑东西，问一下，那个香烟头的基因查出来了吗？”

咪咪法医从桌子上拿起一张纸：“瞧，昨晚我就分析出来了，从香烟头的唾液里我查出了恐龙的基因。并且告诉了球球，他已经出去调查了。”

贝贝神探吃了一惊：“怎么会是西西的基因，就是他来报的案？”

“不会错的，每个动物都有自己的基因，而且各个动物的基因都是不相同的。我这里有动物**基因库**，一查就出来，错不了。”

贝贝神探从咪咪法医手中接过检验单后说：“你分析一下这团黑糊糊的是什么东西，我先走了。”

回到办公室，刚坐下来，球球就进门了：“神探，休息好了吗？你太辛苦了。”

贝贝神探挠了挠头：“真不好意思，我在睡觉，你们却在工作。”

“你可是比我们辛苦多了，晚上我们睡觉时，你还要分析案情。我现在就向你汇报吧。”

贝贝神探拍拍椅子，让球球坐下来说话：“别着急，慢慢来。说说看你收集到的信息。”

球球打开随身携带的电子记事本：“我到西西住的那片社区去访问了一下，大家都说昨天早晨没有看见西西到仓库那边去。”

贝贝神探想了一下，跟球球说：“你给西西发个短信，让他到侦探所来一下，我们直接跟他接触，看看他怎么说。”

球球点点头，掏出手机就给西西发短信。

过了一会儿，就听见“咚、咚”的脚步声和“呼哧、呼哧”的呼吸声，不用说，肯定是**体型庞大**的西西来了。贝贝神探站在门边把西西迎进办公室，并搬了一张最大的椅子让他坐下来，球球赶快给西西倒了一杯开水送过来。

贝贝神探先笑着对西西说：“西西，谢谢你昨天给我煮的**鸡腿**。”

西西摇摇手：“别客气，你辛辛苦苦为森林村的居民保平安，我给你煮鸡腿也是应该的。”

贝贝神探问："你昨天是几点钟起床的，一大早就把鸡腿煮好了。"

"听说你要回来了，我高兴得一个晚上都没有睡好，躺在床上翻来覆去的。天才蒙蒙亮，我就起床做早饭和煮鸡腿，等一切都忙完后就提着鸡腿到路口。嘿，还是比别人晚到了。"

"你经常去食品仓库吗？"

西西一听就跳了起来："你不是**怀疑**我放火烧了仓库吧？！"

乒乓球引发的火灾

贝贝神探看西西生气了，连忙拍拍椅子说："别着急，坐下来慢慢说。我可没有说你放火烧了仓库，只是问一些例行的问题，别上火。"

西西不好意思地**摇摇尾巴**："我是经常去仓库，但大多数是去给别人当劳动力。"

“你最后一次去仓库是什么时候？”

“是一个星期以前的事，那天上午猴子东东采了很多桃子，让我帮忙送到仓库，我能不给他帮忙吗？”

贝贝神探点点头说：“我知道你是一个助人为乐的好居民，不过，因为仓库着火，所以对每个去过仓库的人都要进行调查。对你说的情况我们也要核实一下，请别生气。”

说完，贝贝神探掏出对讲机拨打小灵猫的电话，请他到侦探所来一下。很快，小灵猫就气喘吁吁地跑了过来。球球赶快给小灵猫搬来一把凳子，小灵猫坐下来边擦汗边问：“神探，你找我有事吗？”

贝贝神探拍拍小灵猫的肩膀：“别着急，我想了解一下，西西最后一次到仓库是什么时候？”

小灵猫看了一眼西西：“是一个星期以前。那天他帮东东送了两筐桃子，还帮狐狸送了一筐葡萄进仓库。”

“时间没错。西西在仓库里停留了多长时间？”

“东西一送进仓库，他好像就走了。”

贝贝神探回过头来问西西：“你在仓库里抽过香烟吗？”

小灵猫抢着回答：“对了，西西那天上午把东东的桃子送到仓库后就掏出一根香烟抽了起来。”

西西立即说：“我还没有抽上两口，就被你骂了一顿。”

小灵猫说：“没错，我让你别在仓库吸烟，怕引起火灾。”

“我马上把烟扔在地上，用脚踩灭了，这可跟仓库起火没什么关系呀！”

小灵猫肯定地说：“我看他把烟踩灭的，他的烟肯定不会引起火灾，那都是一个星期以前的事了。”

贝贝神探听他们说完后点点头，叫司机宝宝开车送他们回家。

小灵猫他们走了以后，贝贝神探朝咪咪法医的工作室走去，一进门就看见咪咪法医正在纸上写着什么。咪咪看见贝贝神探进来，就马上站了起来，指着那张纸说："这黑糊糊的东西是烧焦的**赛璐珞**。"

"什么是赛璐珞？"

"赛璐珞可以说是塑料的祖先，它是制造眼镜框、乒乓球和玩具等的原料。"

"那赛璐珞是用什么材料制造的？"

"它是用制造炸药的硝化纤维素**溶解**于乙醇和乙醚的混合液中，再加上樟脑等加工而成的，所以极容易**自燃**。"

"它自燃的温度是多少？"

"一般的赛璐珞自燃温度是180摄氏度，而变质的赛璐珞燃点是154摄氏度。"

"这么高的自燃温度，我们食品仓库中是达不到的。"

咪咪法医摇摇头："不过，赛璐珞在40摄氏度时就能分解放热，随着放热的增多，它的温度会越来越高，升到130摄氏度时就会**冒烟**。”

贝贝神探点点头：“原来是这样。”

贝贝神探离开咪咪法医的工作室后，就回到办公室，登录森林村的气象网站查看这几天森林村的气象观测资料。资料显示，森林村连续一个多星期的**最高气温**在35摄氏度以上，日平均气温都超过了30摄氏度。相对湿度也不低，几乎每天都大于90%，天气真够**闷热**的了。

贝贝神探离开办公室又来到食品仓库，他让小灵猫打开仓库大门，走了进去，里面那股刺鼻的气味还没有散去，并且还夹着一股热气扑面而来。贝贝神探在仓库门边查看了一下墙壁，又看了看外墙的颜色，点点头，让小灵猫锁好仓库大门，并让他通知森林村的居民，晚上到侦探所来开会。

晚上，侦探所门外**灯火辉煌**，动物们陆续到来，并席地而坐。球球看居民们到得

差不多了，就走进去把贝贝神探请出来。

贝贝神探出来后。朝大家点点头问道：“这个星期以来，你们对天气有什么感觉呀？”

大家七嘴八舌地叫道：“太热了，简直都快要受不了啦！”

贝贝神探把从气象网站上抄来的气象观测资料拿出来：“确实很闷热，从资料上可以看出，这儿的天气是又闷又热。我再问一个问题，食品仓库的外墙是什么颜色的？”

小灵猫抢着回答：“是**深褐色**的。”

贝贝神探问道：“谁知道深颜色对阳光有什么作用？”

小灵猫说：“它能吸收太阳光。”

“对了，这几天一直是晴空万里，气温这么高，深色的仓库外墙又把阳光吸收到自己身上，那仓库里的温度会怎么样呢？”

大家一起叫道：“肯定会更高！”

贝贝神探点点头说：“并且仓库的墙壁很薄，这样，夏季仓库内的温度要比外面更高一些，并且仓库没有一扇窗户，无法通风，这里面的气温差不多要比外面高出10摄氏度，甚至20摄氏度。”

小灵猫听了很惊讶：“哇，那么仓库里的温度不是要达到45～55摄氏度了。”

西西满脑子雾水地问：“仓库里面的温度高有什么关系，这些水果也不会因为气温高烧起来的，关键问题是谁放的火。”

贝贝神探说：“对，是谁烧了仓库呢？在我们的仓库里除了食品，还有一堆叫赛璐珞的东西。”

西西又问：“赛璐珞是什么东西？”

贝贝神探解释说：“赛璐珞是用来制造乒乓球、玩具等的原材料，是一种极易自燃的物品。当气温达到40摄氏度时，它就会分解放热。”

西西说：“仓库里的温度都超过了40摄氏度，它再放热，温度不是会更高吗？”

“对，随着赛璐珞不断地分解放热，温

度达到135摄氏度时，它就会冒烟，154摄氏度时就会燃烧。”

西西好像明白些：“哦，原来赛璐珞是**纵火犯**。可我们是食品仓库，怎么会有赛璐珞呢？”

小灵猫在一边敲打自己的脑袋，低声说道：“那些东西是我放在仓库里的。”

球球问：“你干吗把极易自燃的物品放在仓库呢？”

“我真不知道它会自燃。那天我去逛街，看见有家商店乒乓球和玩具大减价，就买了一些回来，准备过**圣诞节**时装饰圣诞树用。没想到这些东西引发了一场大火，都是我的错。”说完就蹲在地上大哭起来。

贝贝神探摸摸小灵猫的头说：“别哭，别哭，不知者不为过嘛。”然后对大家说：“我们重新盖仓库时，注意墙壁要砌得厚一些，外墙涂白色，并且开几扇窗户通气。特别要记住，不要在仓库里堆放**易燃物品**。”

铁棍子是纵火犯

白山羊的草垛神秘失火

秋季是森林村最令人陶醉的季节，果园的树上土黄色的龙眼、红色的苹果、黄色的梨、紫色的葡萄都已经成熟，到处飘荡着水果的香味。这个季节也是动物们最忙碌的时候，每天一大早，他们有的手提篮子，有的推着小车，前往果园采摘水果，准备储存过冬的食品。

贝贝神探虽然喜欢吃肉食，不过对龙眼、葡萄和橘子等水果也情有独钟，所以，每天他都会和球球一起加入到采摘水果的大部队中，和大家共同分享采摘水果的乐趣。

这天，正当大家兴高采烈地采摘水果时，突然，一阵哭声传了过来，这哭声很悲切，叫人听了心中忍不住会产生酸溜溜的、想流眼泪的感觉。贝贝神探从采摘水果的梯子上下来，叫上球球朝哭声的方向走去。快走到村边时，才发现白山羊坐在正在冒烟的灰堆旁哭泣。贝贝神探赶紧上前蹲在白山羊的身旁：“山羊大叔，你怎么哭了？是谁欺负你了？”

白山羊指指自己面前的灰堆：“你看看，我过冬的草料全烧没了。”

贝贝神探走到灰堆前，用棍子拨拉了一下草灰：“你看见谁放火了吗？”

“我要是看见就不会哭了，我会跟他拼命。这个草垛可是我辛苦了一个多月才割来的。”白山羊说完叹了一口气，眼泪忍不住又哗啦啦往下掉。

贝贝神探边帮他擦眼泪边问：“你有没有跟谁**结仇**，或者跟谁有矛盾？”

“我平时只管自己家中的事，从来不多管别人的闲事，怎么会和别人结仇呢？”

“你不要急于回答我的问题，再好好想想看。”

白山羊急得直跺脚：“真的，你什么时候看到我和别人吵过架，我住在村子的边上，邻居不多，大家碰面最多打个招呼，很少串门，哪里会产生什么矛盾呀？”

贝贝神探把白山羊扶起来说：“你离开这堆草灰，坐在稍远一点的地方再好好想一想。我和球球要**认真检查**一下这堆草灰。”

白山羊顺从地坐到离灰堆不远的一棵大树下，用手撑着自己的头。

贝贝神探和球球走近草灰堆，先把周围的环境和灰堆都拍摄下来，然后在四周查找脚印。地上留下的脚印很多，但仔细看看，这些脚印都是山羊的，周围并没有其他动物的脚印。贝贝神探用树枝拨开灰堆，中间除了一根黑黑的棍子，就全是灰了。

球球好奇地问道：“这是一根什么棍

子？草全烧没了，它还没有烧坏。”

贝贝神探让球球把棍子收进证物袋，球球戴上手套，伸手去拿这根棍子，不禁惊叫了一声：“哟，这是一根什么棍子，怎么这么重？！”

贝贝神探提了提证物袋：“很可能是一根铁棍。”

球球说：“我明白了，肯定是有谁把烧红的铁棍扔到草垛是引起的火灾。”

“你又乱下结论。别着急，等找到证据再下结论也不迟。”

球球不好意思地摸摸自己的鼻子：“哎，对不起，我的老毛病又犯了。”

他们正说着话，白山羊从大树下跑了过来：“我想起了一件事，这火应该与他有关。”

贝贝神探迎上前去：“别着急，慢慢讲。”

“那天，我爬到草垛上堆干草时，黑山

羊走过来，看我收获了这么多的干草，就说冬季他也有吃的了。我很生气，骂他想当寄生虫。”

“你答应冬季让他吃草了吗？”

“没有，我叫他想都别想靠近我的草垛，要吃自己去劳动。”

“他听了你的话以后，说了什么没有？”

“他很生气地跺了跺脚就走了。这可能是我跟别人吵得最凶的一次架了。”

贝贝神探安慰了一下白山羊，跟他说现在还是秋季，重新储存草料还来得及，然后就和球球一起离开灰堆回到果园。因为刚才他们采摘水果时，在旁边的草地上遇见过黑山羊。

贝贝神探和球球来到果园旁的草地上，看见黑山羊正坐在草地上晒太阳。球球想走过去，被贝贝神探拦住：“先别打搅他，等我们把那棍子送到咪咪法医那儿分析过后，再去找他也不迟。”

球球提着证物袋：“那我就先送棍子回侦探所，好吗？”

“嗯，你先回去吧。我还要和大家一起采摘水果，**不劳动者不得食**。”

铁棍子是纵火犯

傍晚，贝贝神探采摘完水果后回到侦探所，直接来到咪咪法医的工作室。咪咪的工作室应了“**麻雀虽小，五脏齐全**”这句话，在靠墙的一边从上到下立着一个大柜子，柜子分了很多层，每层都放满了瓶子，瓶子里是各种各样的试剂和药物，这是因为咪咪法医还身兼森林村的医生一职。而在靠窗户的地方有一张尸检台，在台子的旁边也有一个柜子，里面都是外科手术和解剖用的器械。在房间的中间有一个工作台，上面有超高倍的显微镜和各种测试仪器。在靠门的墙边也有一个工作台，上面则放着一台电脑、一台打印机和一个光盘架，这张台子也是咪咪的办公桌。

咪咪正在用毛刷轻轻刷去那根棍子上的炭化物，看见贝贝神探走进来，并没有吭声，只是朝他点点头，继续低头做自己的事情。贝贝神探则一声不响地站在一旁看着他工作。咪咪法医终于把棍子上的炭化物清理干净了，还真是一根**铁棍**。

咪咪法医从靠墙边的大柜子里拿出一瓶淡蓝色的液体，在铁棍上喷了一遍，不一会儿铁棍上就显现出了几个**指纹**。贝贝神探好奇地拿起那瓶液体，只见上面写着“显纹液”，贝贝神探小心地帮咪咪法医把“显纹液”放回大柜子里。

咪咪法医把铁棍上的指纹拓下来后，放在电脑旁的扫描仪上扫描，很快电脑就把这几个指纹存入硬盘中。咪咪法医从光盘架上找出指纹数据库，与刚才扫描下的指纹一对照，原来是黑山羊的指纹。

等一切都做完后，咪咪法医这才开口说话："这根铁棍好像被**雷电**击中过，上面沾了很多烧透的草木灰。电击时间应该是昨天傍晚时分。"

贝贝神探回到办公室，球球正躺在沙发上**睡觉**，看见贝贝神探回来，便赶快从沙发上爬起来，贝贝神探赶紧按住他："没事，你睡吧。"

"我是没事可做，就躺下来休息。你回来了，事情也来了，我怎么可能睡得着。"

贝贝神探把从咪咪法医那里获得的检验结果对球球讲了一下，球球一拍桌子："原来是黑山羊放的火，我这就去把他抓回来。"

"你看你又来了，仅凭铁棍上的指纹就抓黑山羊，行吗？别着急。"

球球拍拍自己的脑袋："嘿，我的老毛病又犯了。"

“你先去把黑山羊请来，就说我想和他聊聊天。”

球球掏出手机给黑山羊发了一条短信，请他到侦探所来一下，但黑山羊回信说没空。球球只好自己去黑山羊家请他。来到黑山羊的家中，他正在看电视。听球球说贝贝神探只是想和他聊聊天，黑山羊高高兴兴地和球球一起来到侦探所，一下车就看到贝贝神探站在门口迎接他。

黑山羊三步并作两步走到贝贝神探跟前：“我就喜欢和你聊天，只是你太忙，没空理我。想不到今天你能找我聊天，太好了。”

贝贝神探把黑山羊迎进门，让他坐在自己的旁边，并让球球给他倒了一杯茶。黑山羊端起茶喝了一口：“嗯，好茶，这是正宗的铁观音吧。”

贝贝神探点点头：“喜欢吗？你走的时候我送你一包。”

“不敢当，在这儿尝尝就行了，我平时很少喝茶。”

贝贝神探让球球把铁棍拿过来：“黑山羊大叔，我想问一下，这根铁棍是你的吗？”

黑山羊瞄了一眼铁棍：“不是我的，我要铁棍做什么？”

贝贝神探看了他一眼：“真的不是你的？你再仔细看看。”

“不用看，绝对不是我的。”

“我们可在铁棍上找到了你的指纹。”

黑山羊摇摇头说：“那一定是有人搞**陷害**，你们千万别相信。”

“你说别人搞陷害，陷害你什么呀？”

黑山羊低下头：“陷害我干了坏事。”

“那你有没有干过坏事，都干了哪些坏事呢？”

黑山羊在位子上坐不住了，屁股扭来扭去的：“我没有，我没有。你们不要**冤枉**

我。”

贝贝神探拍拍黑山羊的肩膀：“别着急，我们不会冤枉你的。黑山羊大叔，我知道你是一个心地善良的人，不会存心要害谁的，可能是不小心伤到了别人，对吗？”

听贝贝神探这么一说，黑山羊叹了一口气：“那天我见白山羊在草垛上堆草，就随口说冬天要吃他的草，他不答应也就算了，竟敢**骂我**。我气不过，找了一根铁棍爬到草垛上插在上面，想让白山羊吃草时崩掉一块牙，是不是他的牙给崩掉了？”

“不是，是他的草垛给大火**烧掉**了。”

黑山羊急得跳了起来：“草垛起火跟我没有关系，我可没去放火。”

“如果你真的没有放火，那好吧，今天你就先回家，有事再找你，好吗？”

“行，我一定帮你找出纵火犯，把别人的过冬粮食烧掉是不道德的行为。”

送走黑山羊后，贝贝神探看着这根铁棍

想了想，便朝气象观测场的小山头走去。蜜蜂中中正站在观测场内目测天空的云量，贝贝神探等中中观测完后，便走了过去："中中，昨天这儿是什么天气？"

"昨天白天是晴到多云的天气，傍晚时是雷阵雨天气。"

贝贝神探若有所思地点点头，谢过中

中后向白山羊的家走去。在白山羊原来的草垛旁已经堆了一个小草垛，白山羊正在草垛旁忙碌，看见贝贝神探来了，白山羊放下手中的工具，迎上前打招呼。

贝贝神探问到："白山羊大叔，你原来的草垛大吗？"

"可大了，比我的房子还要高许多。"

"你什么时候发现草垛起火的？"

"昨天白天还是好好的，傍晚下雷阵雨前还没有事。"

"昨天的雷声大吗？"

"下雷阵雨时，雷声可响了，好像炸弹就在身旁爆炸似的，吓得我赶紧钻进被子，然后就睡着了。直到今天早晨出门时，才发现草垛已经烧没了。"说完眼泪又掉了下来。

贝贝神探来到白山羊的邻居梅花鹿的家中，他正在花园里除草。贝贝神探走进花园一边帮梅花鹿拔草，一边问："白山羊的草垛被烧，你知道吗？”

“我是今天听见白山羊哭，才知道的。原来那个草垛可高了，是他**辛辛苦苦**割了一个多月草才堆起来的。也不知是谁，心这么黑。”

“昨天下雷阵雨时，你在哪儿？”

“我正在家里吃晚饭。雷声太响了，好像要把我们这儿炸掉似的，吓得我饭也没吃完，把门窗关紧，就钻进被子里睡觉了。”

贝贝神探又来到白山羊的草垛前，让球球发短信把黑山羊叫过来。贝贝神探把黑山羊和白山羊叫到草垛前，拿出那根铁棍：“真正的纵火犯就是这根铁棍。”

黑山羊**皱着眉头**：“不可能吧？我只是把铁棍插在草垛上，又没有烧红。”

贝贝神探说：“在有雷阵雨的天气里，地面高耸的物体带的电荷比地面要多，对闪电的吸引能力大，很容易把闪电引过来。原来的草垛在这片地方是最高的物体，并且上面还插了一根铁棍。如果铁棍很长，能从顶上一直插到地下，它就能起到**避雷针**的作用，把高草垛引过来的闪电排到土地中去。”

黑山羊说：“可是这根铁棍短了一点。”

“昨天的雷阵雨很大，插在草垛上的铁棍成了闪电喜欢串门的地方，所以铁棍被闪电击中后，气温迅速升高，引发了草垛的大火。”

黑山羊一听，后悔地一直拍打自己的脑袋，他走到白山羊身边**愧疚**地说：“对不起，白山羊老兄，是我干了坏事，我一定帮你重新堆一个大草垛。”

白山羊扶起黑山羊：“不能全怪你，也怪我草垛堆得太高。我们一起去割草，堆几个不太高的草垛，冬季一起享用吧。”

鸟语公园的谋杀案

鸟语公园的死尸

昨夜，森林村下了一场小雨。但今天早晨的天气还不错，天空云彩不多，空气也特别清新。一大早，恐龙西西和小蚂蚁南南就来到鸟语公园**锻炼身体**。

鸟语公园是森林村特意为各种鸟儿修建的公园，公园里有很多珍稀植物，如高达20余米的珙桐树，这种树开的花远看很像白鸽，所以有“中国鸽子树”之称。公园里也有被称为“**活化石**”的水杉，还有郁李等一些能结果实供小鸟食用的树木。

鸟语公园里生活着很多鸟类，有珍稀的绿孔雀、绿尾虹雉、长尾雉，也有麻雀、相思鸟等常见的鸟类。每天，这些小鸟都会在公园里**放声高歌**，动听的歌声常常让森林村的动物们流连忘返。这儿也是恐龙西西和小蚂蚁南南最喜欢来晨练的地方。

西西和南南沿着公园内的小路慢跑起来，当他们跑到公园北面一个种植人参的角落时，南南发现绿油油的人参叶中有一个红白色相间的化纤袋，便停下了脚步，想靠近一点看看究竟是一包什么东西。而西西却只管自己朝前跑，跑出了20多米后，这才发现自己身边的南南不见了。他回头一看，南南正朝着人参地的中间走去，便大声地叫道："南南，你是不是身体有什么问题，想挖一根人参补补身子呀。"

南南朝西西挥挥手，让他别大声喊叫。看到南南神神秘秘的样子，西西也不敢大声说话了，他轻手轻脚地走到南南的身边，小声地问："你在干什么？"

南南用手指指人参地里的化纤袋，西西也走进地里和南南一起慢慢靠近化纤袋。这个化纤袋里不知装了什么东西，鼓鼓囊囊的，袋子外面湿漉漉的。

西西壮着胆子把袋子的拉链拉开，里面露出血迹斑斑的白肉，吓得他拖住南南快速地跑到小路上："快！快去向贝贝神探报告，这里发生了谋杀案！"

南南的视线刚才被身体庞大的西西挡住了，根本没有看清袋子里装的是什么，所以用力甩掉西西的手："急什么急，里面到底

是什么东西，报什么案？”

“里面是死动物，血迹斑斑的白肉很吓人。”

说完拖着南南朝公园的大门跑去，刚跑到公园的大门口，就碰到了公园管理员花狗龙龙，西西对龙龙说：“快把大门关好，不要让任何人走进或者走出公园，这里面发生了命案。”

龙龙一听发生了命案，吓得直哆嗦，不但把公园的大门关好锁上，也把自己关进房子里，不敢出门了。

西西和南南来到侦探所，贝贝神探刚刚起床，正站在门口锻炼身体，一听鸟语公园发生了命案，就赶快叫了球球和宝宝，开车朝鸟语公园驶去。到了公园门口，看大门是锁着的，就问这是谁让锁上的。西西得意地说：“是我让龙龙锁的，我怕有人进去会破坏现场。”

贝贝神探拍拍西西立起来的尾巴：“你

做得很对，遇到这种事，人人都要注意保护现场。只有在你们的大力协助下，我们才能尽快地把案子侦破，把坏人绳之以法。”

西西走到大门旁边的小屋，想叫龙龙把大门打开，可是敲了半天也不见龙龙出来，西西不禁惊呼：“是不是又发生了命案，龙龙是不是也被谁给杀了？”

球球赶紧走到小屋的门前，从门缝中朝里面看，只见龙龙正坐在一把椅子上，两条腿一直在打哆嗦。

球球看龙龙吓成这样，赶紧敲敲门说：“龙龙开门，我是球球，贝贝神探也来了，别害怕。”

听到球球的声音，龙龙这才站起来，哆哆嗦嗦地走到门口把房门打开：“贝贝神探，你来了就好，可把我吓死了。”说完，就从身上掏出钥匙，打开公园的大门。

贝贝神探让西西给他们带路，他和球球则跟在西西的后面，一进公园门就随手关上了大门。

急得南南在门外叫道："我还没有进去呢。"

球球回过头来说："你就不要进去了，有西西带路就够了，人太多的话，现场容易遭到破坏。"

南南不情愿地走进小屋里，去和龙龙做伴。

西西带着贝贝神探和球球向人参地走去，远远地就能看见那个**颜色鲜艳**的化纤袋。到了地边，球球让西西站在小路上别乱动，然后和贝贝神探一起在小路旁寻找线索。由于小路是用小石头子铺成的，昨夜又下了一场小雨，把路面冲洗得很干净，因此，只找到了西西和南南的脚印。人参地里还是**湿**的，可上面也只有西西和南南的脚印。从小路到放化纤袋的地方，人参地被拖出了一条小路，路两旁的人参苗都被压坏了。在化纤袋的周围，没有发现血迹和其他有价值的线索。

贝贝神探开始检查化纤袋，这是一个很普通的袋子，在任何一个百货商店都能买到，化纤袋的外面**湿漉漉**的。贝贝神探拿出光影放大镜，在化纤袋上仔细检查，没有找到指纹，也没有找到任何可疑的线索。他让球球把化纤袋和人参地及小路上的情况全部拍摄下来后，便把化纤袋翻了过来，这一边也没有血迹，而是相当的潮湿。堆放化纤袋的地面也是湿的，只是中间有一块不太显眼的、硬币大小的干地。

球球边拍照边说："看来，这起命案是在下雨的时候发生的。"

贝贝神探看了看说："这里应该不是第一现场，这个化纤袋是从其他地方**转移**过来的。"说完和球球一起把化纤袋从人参地中抬到小路上，并让西西把它扛到公园外的汽车上。

西西走了之后，贝贝神探和球球在公

园里到处查看，来到珍稀园的附近，发现在一条小溪的边上有很多苍蝇在飞，便走了过去。那儿看上去并没有什么特别之处，他们在苍蝇多的地方停了下来，翻起一块鹅卵石，咦！下面好像有血迹。贝贝神探拿出一根棉签在血迹上抹了一下，让球球把棉签装进一个小试管中，再把试管装进证物袋内。他们又翻开了几块石头，在石头下面的泥土上能隐约看得出血的痕迹。

贝贝神探说："看来这里很有可能是第一现场。"

贝贝神探用高倍放大镜在小溪边的石头上仔细查看，功夫不负有心人，果然在几块石头上发现了一些模糊的足迹。他在石头上撒了一些蛋白显影粉，很快这些足迹就显现出黑色的印迹。由于这些显现的印迹保持时间不会很长，所以球球抓紧时间把这些足迹拍摄下来，装进了证物袋。

死者是褐马鸡

回到侦探所，贝贝神探让西西和球球把化纤袋抬进咪咪法医的工作室，并把收集到的其他证物一起交给了咪咪法医。贝贝神探和球球站在尸检桌旁，看咪咪法医把化纤袋打开，然后把袋子里的东西倒在桌子上，从袋子里滚出两只没有毛的鸟的尸体，大家猛然一看，还看不出是什么鸟。

球球拿起一只尸体看了一下："好像是两只鸡。"

咪咪法医摇摇头说："还是先做DNA检查，看看到底是什么动物吧。"说完，便从尸体上取下一点儿皮肤，做完DNA检查之后，就拿到动物DNA数据库中进行比对："啊！原来是褐马鸡！"

然后，咪咪法医又把证物袋打开，对试管中棉签上的血迹进行了DNA检查，发现还是褐马鸡的。

褐马鸡是中国的一级保护动物，属雉科，全身长约1米。尾羽又长又大，有22片，样子很像马的尾巴。长羽呈双排列，中央两对特别长而且很大，可以作为衣服和房间的**装饰品**。听说在清朝时，一对褐马鸡的尾羽就能售1000多银元。

咪咪法医来到尸检桌旁，先对褐马鸡的身体外表进行仔细的检查，身体上血迹斑斑的，应该是被谁用力拔毛所致。两只褐马鸡的脖子上各有一道很深的**刀痕**，几乎把褐马鸡的脖子切断。尸体解剖后，咪咪法医从褐马鸡的血液中发现了很多麻药的成分，并推测其死亡时间应该是头一天晚上9时左右，第一现场应该在那条小溪的旁边。

贝贝神探听完咪咪法医的**尸检报告**，便和球球一起回到自己的办公室，把在现场拍摄的照片拿出来进行分析。贝贝神探让球球再到鸟语公园走一趟，向管理员龙龙打听一下，昨天傍晚以后，特别是下雨后，有谁去过公园。

球球很快就从鸟语公园回来：“龙龙说昨天傍晚以后，有很多动物去过鸟语公园。”

“都是哪些动物？”

“有熊猫平平、和和，有恐龙西西，蚂蚁南南，还有梅花鹿北北和狐狸。”

“他们都是什么时候离开公园的？”

球球想了一下：“龙龙说下雨后，这些动物都离开了公园。”

贝贝神探想了一下，对球球说：“你再去问一问熊猫和梅花鹿，看看他们在公园时，有没有什么异常的情况发生，我现在上网查一下昨晚的气象资料。”

贝贝神探登录森林村的气象网，从资料上查到，昨晚21时10分森林村开始下雨，一直下到24时10分才停，降雨量不大，3个小时才下了2毫米。查完资料，贝贝神探又来到公

园发现化纤袋的人参地，原来因摆放化纤袋而潮湿的地方，现在几乎都干了。不过经过仔细辨认，还是能发现，在中间有一块硬币大小的地方更干一些，说明这个地方原来就比其他的地方更干，或者根本就没有湿过。

贝贝神探走出公园，来到龙龙的小房子，看到龙龙还坐在椅子上发呆，就走过去拍拍龙龙的肩膀："别害怕。龙龙，我还想问一下，昨天晚上在公园里玩的动物出门时，有什么异常举动吗？"

"好像没有。天下雨了，大家都是匆匆忙忙地往家跑。"

"大家是一起跑出公园大门的吗？"

龙龙想了一下："几乎是一起跑出公园大门的，只是狐狸比大家落后了几步。不过，这也是很正常的现象吧。"

贝贝神探点点头，然后沿着公园的外墙边走边查看。走到公园西北面的外墙时，他发现墙边的地上好像有被东西砸过的痕迹，旁边还隐隐约约有一条**足迹**。贝贝神探打开随身携带的皮包，从里面掏出一小瓶速干成型塑胶液喷在足迹上，塑胶液很快变干、变硬，把足迹拓了下来。贝贝神探取出塑胶模块放进证物袋，朝侦探所走去。

当贝贝神探把塑胶模块交给咪咪法医，回到自己的办公室时，球球刚好也回到了侦探所。

贝贝神探拍拍凳子，让球球坐下来：“有什么新发现？”

“我问了熊猫和梅花鹿北北。两只熊猫在南边的竹林中吃竹子、玩耍，西西和南南和他们在一起。天下雨时，他们一起跑出公园，然后就各自回家了。”

“那北北呢？”

“北北说是狐狸邀她一起去逛公园的，可是进了公园后，就不见狐狸的**踪影**了，于是她自己就到东边的植物林，欣赏红玉海棠的红果实，还有红玉海棠旁边那株叶子红红的郁李树。她还用红玉海棠的果子穿了一个头链戴在头上，我在她家的墙上看到了那串红头链。她说没有看到其他的动物。”

贝贝神探问：“那么，有谁在公园里看见过狐狸？”

“北北说下雨时才在公园大门那里看见过狐狸，当时狐狸是跟在他们后面跑出公园大门的。”

“跑出公园大门后，谁还看见过狐狸？”

“那时天正下着雨，大家都只管抱着头朝家里跑，根本没去注意其他动物在干什么。”

正说着话，咪咪法医走了进来，把足迹的**鉴定结果**拿给贝贝神探：“从足迹数据库上查看，这个像半朵花，有四个脚趾的足迹，可以肯定是狐狸留下的。”同时，咪咪法医把球球拍摄的足迹跟动物足迹数据库进行了比对，照片上也是狐狸的足迹。

贝贝神探听了咪咪法医的鉴定结果后，立即和球球坐上汽车去逮捕狐狸，并带上搜查证，准备仔细搜查一下狐狸的家。

谁杀死了褐马鸡

贝贝神探和助手小狗球球刚走到狐狸家的门前，就听到狐狸说话的声音，原来他正在打电话。

只听到他说："价格好商量。这可是难得买到的、绿色的、原装的装饰品啊，错过了这个机会，后悔就来不及了。"

听见门口有动静，狐狸赶快朝门口看去，一看是贝贝神探，就赶紧对着话筒说："我现在有事，再见。"

球球不等他放下话筒，就掏出逮捕证让他签名。狐狸两手叉腰："为什么逮捕我，我犯什么法了？"

贝贝神探走上前去："你自己做了什么

事，难道还要我们告诉你吗？”

看见贝贝神探一脸严肃的样子，狐狸很不情愿地在逮捕证上签下了自己的名字，并愤愤地说：“我看你们要吃不了兜着走的，你们怎样把我抓走，还得怎样把我送回来。”

球球用手铐铐住了狐狸的双手，然后把他押到汽车上，让司机乌龟宝宝看住他。

贝贝神探和球球开始搜查狐狸的家，在屋子里搜查了一遍，一切看起来都很正常，没有发现可疑之处。他们打开房屋的后门，那里有一个小院子。院子里除了两棵果树和几株花，并没有看到其他的东西。他们在院子的各个角落仔细检查了一遍，终于在窗户的下面发现了一个小土堆，小土堆的旁边还有一把小小的铁锹，铁锹上沾有不少新鲜的泥土。球球拿出相机把院子、小土堆和铁锹都拍了下来，然后从随身携带的小箱子里拿出一把小铁锹，开始挖掘小土堆。没

费多少时间，就从土堆中挖出一个包裹得严严实实的**塑料包**，球球给塑料包拍过照之后，就装进了证物袋。

当看见球球手中拿着证物袋和贝贝神探一起走出自己的家门时，狐狸**瘫坐**在椅子上，再也不敢抬头。

回到侦探所，球球把证物袋送到咪咪法医那儿后，就回到办公室和贝贝神探一起审问狐狸。

贝贝神探盯着狐狸问："你现在还有什么话要说？"

"没错，那包东西是今天早晨，我在鸟语公园外面散步时**捡**到的。捡来时上面还是湿漉漉的，肯定是下雨时有人扔在那里的。"

贝贝神探接着问狐狸："昨晚你在公园里干什么了？"

"我没干什么，就是**散步**呀。这里走走，那里看看，一看下雨了，就和大家一起往家跑。肯定是有人趁下雨公园没人时杀了褐马鸡，然后把羽毛扔到公园的围墙外面，让我捡了一个便宜。”

“你怎么知道那是褐马鸡的羽毛？”

“我在鸟语公园见过褐马鸡，我捡到这个包后，马上打开看了一下，一眼就认出是褐马鸡的羽毛。”

贝贝神探气得一拍桌子：“你要明白**坦白从宽、抗拒从严**的政策，一而再、再而三地撒谎对你是没有好处的。”

“我真的没撒谎，下雨后我已经离开了公园，怎么会是我干的呢。”

贝贝神探把电脑屏幕转向狐狸：“我们来看一张照片，这是从存放褐马鸡的人参地里拍摄的。”

狐狸看了一眼：“对呀，地上都是湿的，肯定是下雨后有人作的案。”

“你注意到最中间的这块地了吗，它告诉我们，有人在下雨前就把这个包放在这儿了。雨水虽然渗透到地下，并浸湿到包的下面，但却没有渗到包的中间。所以，可以明显地看出来放包的中间的这一小块地是干的。”

“这能说明什么问题？”狐狸还是一副无所谓的样子。

贝贝神探气呼呼地说：“这说明谋杀案发生在降雨之前，也就是发生在晚上21时10分之前。当时你正在鸟语公园内。”

“这不关我的事，当时又不是只有我一个人在公园，谁知道是谁干的。”

贝贝神探拿出咪咪法医对公园围墙外足迹的鉴定书：“你不否认这是你的足迹吧？”

“这是我早晨跑步时留下来的。”

“不对。这是昨晚刚下雨时，地面不太潮湿时留下来的足迹，因此足迹印比较浅。而今天早晨地面比较潮湿，留下的足迹印会比较深。你昨晚下雨时跑出公园的大门后并没有立即跑回家，而是跑到公园的围墙外，捡回你从公园里扔出来的褐马鸡羽毛，然后回家把这个包藏了起来。所以，才在地上留下了较浅的足迹。”

“足迹的深浅能说明什么问题？你想把谋杀的罪名强加在我的头上，就胡编乱造。想让我认罪，没门！”

贝贝神探笑了笑：“我还没有说完呢。我们在鸟语公园小溪边发现了褐马鸡的血迹，并在旁边的石头上发现了足迹。你想看看这些足迹的鉴定结果吗？这可是通过科学手段检查出的结果，你还有什么好说的？”

狐狸一声不吭，把头高高地扬起来。

贝贝神探叹了一口气：“看来，必须把你的作案过程说一遍，你才会认罪。”

贝贝神探拿出鸟语公园的地形图铺在桌子上，指着褐马鸡的住所说：“你昨晚邀北北一起到公园玩，就是想找一个为你作证的人。其实，一进公园你就避开了北北，自己来到褐马鸡的住处，把两只褐马鸡带到了小溪旁，并给他们注射了麻药。”

“没有的事。”狐狸仍然**死不认账**。

“然后你杀死了褐马鸡，并且还不等他们断气，就开始拔毛，所以他们的身上才会血迹斑斑。”

“他们那时已经不会感到**痛苦**了。”

贝贝神探气得用力拍了一下桌子：“你真无耻！你把褐马鸡的尸体装进化纤袋，扔到人参地中，把装有羽毛的包扔到公园的围墙外。这时天开始下雨了，你混在其他的动物中跑出大门，趁大家低头往家赶的机会，溜到围墙外捡回了装有羽毛的小包。我说得对不对？”

狐狸这才**可怜兮兮**地“扑通”跪了下来：“贝贝神探，饶了我吧，我是初犯。谁都想有钱，我就是想多捞几个钱，这有什么错？你就放过我这一次吧！”

“想多赚钱没什么错，但赚钱要有道，

不能做犯法的事。你为自己发财去残杀其他的动物，你的行为已经**触犯了法律**。你求我是没有用的，应该怎么处置你，要等村委会讨论以后才定。”

村委会开会讨论以后，决定永远**开除**狐狸森林村居民的身份，没收狐狸的一切财产给鸟语公园。并决定把褐马鸡的尸体和羽毛一起埋葬，为它立一个碑，把狐狸的罪行刻在碑上，以**警戒后人**。